低敏性食材、純植物配方、最簡單作法
健康甜點飲食新觀念

無蛋奶砂糖！
零負擔純素甜點

今井洋子

VEGAN SWEETS

三悅文化

（我）為什麼只用植物性材料製作甜點呢？藉著撰寫本書的機會，我也再次反思自己這麼做的理由。

最一開始其實是為了生病的朋友而嘗試植物性原料。明明身為甜點師，卻連朋友可以吃的甜點都做不出來，這份無力與焦慮直至今日仍令我無法釋懷。

而現在，我再也無法做甜點給那位朋友吃了。

但沉浸在傷感裡並不是我的作風，我也不太喜歡這樣。

或許只是單純因為我不服輸跟不甘心而已。

不過我也再次體會到，這正是我製作全素甜點，堅持不使用任何動物性材料的理由。

素食其實也分很多種，所以有些素食食譜上會使用雞蛋或奶油。但我總認為既然要做，就做吃起來不會對身體造成負擔的東西。

有很多朋友因為過敏和食品限制的問題，無法享用「普通的甜點」。但最近聽到這些朋友開心地告訴我：「素食甜點好好吃」、「自己在家裡也可以做」，我真的十分欣慰，也受到了鼓勵，覺得當初有編寫全素食譜真的是太好了。

本書的甜點作法都非常簡單，只要將所有材料裝進大盆子或其他容器攪拌即可。雖然某些食譜需要用上一點攪拌的小技巧，但上手之後就可以自行調整喜歡的柔軟度與質感，做出合自己胃口的甜點。一旦感覺到自己習慣做甜點，之後想要動手做些什麼時也能輕鬆付諸行動。

而且本書分享的許多食譜熟記之後，三兩下就能輕鬆完成，保證越做越有信心！

不過親手製素食甜點最棒的地方，還是吃起來健康。

用料簡單，不添加多餘的東西。

而且只選用對身體不會造成負擔的材料，吃下肚也好安心。

雖然全素的材料沒有奶油和蛋帶來的濃郁風味，但我也更努力發揮各種食材的特色，想辦法增加味道的飽滿度。

另外，大眾往往會覺得素食甜點單調樸素，不過本書除了有外觀樸實的甜點，也介紹不少華麗的裝飾技巧。雖然剛烤好的質樸感覺也很不錯，不過稍微點綴、或在擺盤上發揮巧思，外觀和風味都能精彩大變身！

傾聽身體的聲音，用心製作素食甜點，無論是自己吃或送人都很棒。如果各位讀者未來在製作甜點時能夠將「素食甜點」納入選項，我也會很開心的。

今井洋子

INTRODUCTION

前言

PROLOGUE
只有植物性材料，也能做出好味道

純素甜點
動手做、動口吃

多點小巧思
純素甜點麻雀變鳳凰

CONTENTS

目錄

COLUMN

・1小茶匙＝5ml、1大茶匙＝15ml。

・若無手持式攪拌機，可以果汁機或磨缽代替。

・本書大多甜點都可以直接在烘焙紙上處理麵團，不需在桌上撒麵粉。不過請視個人情況，調整方便的作業方式與空間。

・烤箱溫度與時間僅供參考。廠牌與型號不同，預熱時間、烘烤時間、烤出適當焦色的位置也不盡相同。所以請自行觀察烘烤狀況，進行調整。本書使用電烤箱。若家中機型為瓦斯烤箱，烘烤時亦可直接參考本書標記的溫度與時間。

基本
材料

本書介紹的素食甜點使用植物性原料，完全不添加雞蛋、奶油、乳製品。有 * 標記的材料可向下述商店訂購。

* 銷售通路：TOMIZ（富澤商店）
販賣眾多甜點、麵包材料、天然食品以及器具的烘焙材料行。
https://tomiz.com/

中筋全粒粉

全粒粉還分成低筋、中筋、高筋。本書食譜最常使用「中筋麵粉」。使用一般白麵粉（中筋）來替代也可以。商品上若標示「地粉」，代表是使用當地產小麥製造的麵粉。

低筋全粒粉 *

和中筋全粒粉一樣，是將完整小麥連同麩皮、胚芽一同磨製而成的有機低筋麵粉，富含礦物質和纖維質。與中筋麵粉相比麩質較少，黏性較低。
「有機JAS 低筋全粒粉」680g

低筋麵粉 *

北海道產100%烘焙用低筋麵粉「法里米Farine」（江別製粉）。每種筋性的小麥組成成分不同，所以食譜指定使用低筋麵粉時，務必使用低筋麵粉。
「法里米Farine（江別製粉）」1kg

甜菜糖 *

北海道產甜菜製成的100%天然砂糖。請選擇顏色淡、易融的粉末狀細砂糖。甜菜糖沒有特殊的味道，甜味溫和。
「甜菜糖（粉末狀）」600g

楓糖漿

自加拿大楓樹上採集樹汁並提煉而成的天然甜味劑。琥珀色的糖漿毫無澀味，具有清新的口感。除了甜點之外，做菜時用來取代砂糖也是不錯的選擇。

米飴

遵循日本傳統製法，以國產米為原料，而且只加入大麥麥芽，慢慢熬煮糖化而成的天然甜味劑。風味乾淨，甜味沉穩，口感滑順，最大的特色是保水性高。

葛宏德天然海鹽 *

法國葛宏德（Guerande）鹽田生產的鹽粒。僅利用日曬和風力蒸發水分，再將粗鹽搗碎成顆粒狀，鹹味溫和不刺激。
「葛宏德天然海鹽（顆粒）」1kg

泡打粉 *

使用不含鋁（明礬）的泡打粉。製作磅蛋糕和司康等烘烤麵點時的必備材料。
「朗佛德無鋁雙效泡打粉RUMFORD」114g

米油

以新鮮玄米米糠和和胚芽提煉的植物油。使用100%國產原料，品質安心有保障，不會對胃造成負擔。米油沒有特殊的氣味，適合用來製作甜點。

成分無調整豆漿

大豆固形分 8%以上。100%有機黃豆研磨豆漿，不添加任何其他材料。素食點心不可或缺的要角，用來調整麵團的軟硬度。

豆漿優格

豆漿中加入乳酸菌發酵而成的優格。由於本書食譜不使用乳製品，豆漿優格便肩負起十分重要的責任。特色是風味圓潤且濃郁，而且零膽固醇。

杏仁粉 *

Almond Powder、Almond Poodle 都是杏仁粉，分成帶皮與去皮兩種。本書使用去皮的杏仁粉（加州產杏仁）。
「去皮杏仁粉」100g

INGREDIENTS

基本
器具

數量不多，不過製作甜點時還是有一些必備器具。
另外，若想玩玩P.76之後的裝飾變化，
準備湯匙、擠花嘴等選配器材，可以做出更漂亮的效果。

不鏽鋼盆

準備容量大一點的盆子，用來混合麵團或打發。有些食譜甚至能一盆搞定。導熱性佳又耐用的不鏽鋼材質最好。

打蛋器

攪拌、打發時和不鏽鋼盆一起使用。選擇自己拿起來順手的打蛋器，鋼絲部分最好又圓又大。

電子秤

製作甜點時，材料分量務必精準。準備一個能測量到0.5g單位的電子秤。

量匙、量杯

基本上會使用到量匙15㎖（大茶匙）、5㎖（小茶匙）、量杯200㎖（1杯）。外型和材質選擇自己順手的就好。

矽膠刮刀

攪拌、刮取麵團時使用。若攪拌的分量少，可以使用小型刮刀。請選擇具有一定彈性，韌度十足的產品。

擀麵棍

均勻擀開麵團時使用。不要選擇兩側細、中間粗的類型。整根粗細相同，長約25cm的類型最好用。

手持式攪拌機

製作豆腐鮮奶油、冰淇淋、布丁還有布蕾時用於攪拌出細緻的質地。手持式攪拌機可以直接在鍋中或盆中攪拌食材，非常方便。

篩子

過篩粉類材料的器具。樣式多元，請選擇自己順手的類型。也可以用網目較細的濾網代替。

烘焙紙 *

使用頻率超高的耗材，主要拿來鋪在烤盤上。建議使用無漂白、未脫色處理的品項。
「茶色烘焙紙」25㎝×5 m

烘焙紙杯

製作馬芬和肉桂捲、摩卡捲時使用。先將紙杯放入馬芬模，再倒入麵團。

模具

從左上開始順時鐘依序為磅蛋糕模、方形蛋糕模、方盤、馬芬模、圓形蛋糕模、塔模、幕斯圈、樹葉形模、船形模。

TOOLS

只有植物性材料
也能做出好味道。

VEGAN BAKE

不使用奶油和雞蛋卻風味濃郁的糕點

餅乾和馬芬等水分較少的糕點，也可以用全植物性材料製成。
好吃的祕密在於絕妙的材料比例。堅果和板豆腐紮實的風味、
結合食材本身水分與口感，吃起來彷彿使用了奶油和雞蛋。

VEGAN COOL SWEETS

**還能做冰淇淋！
冰冰涼涼的冰品**

植物性原料也可以做出各式各樣透心涼的冰品甜點。米麴發酵
而成的甜酒具有自然的鮮甜滋味，善用這項特色可以做出甜美
的冰淇淋。豆漿、椰奶本身風味強烈，製作出的布丁和布蕾味
道也很濃厚。季節水果更是純素食譜最～強的好夥伴。

VEGAN QUICHE

用豆腐製作健康鹹派

鹹派是法國的鄉土料理，一般會用雞蛋和鮮奶油來製
作，不過我用「豆腐」來取代這些材料，連塔皮的部
分也完全沒有使用奶油和雞蛋。純素鹹派健康又有飽
足感，不僅適合下午茶，當早餐也不錯喔。

VEGAN CREAM CAKES

還能做出鋪滿
鮮奶油的裝飾

後面還會介紹抹上滿滿鮮奶油的純素甜點。我用豆腐
鮮奶油取代一般的鮮奶油，並加入楓糖漿來營造出溫
和的甜味，可以用來裝飾各種糕點。豐盛卻不會令人
產生罪惡感的甜點即刻上桌。

純素甜點

動手做。
動口吃。

純素甜點乍聽之下很複雜,其實作法非常簡單。無論是初次嘗試
製作純素甜點的朋友、還是平時就有在做甜點的朋友,在製作前
都要先傾聽自己身體的低語,接著想像你要做給誰吃。準備好
了,開始製作純素甜點吧!做完之後,開心享用!怎麼樣?今天
你想來點什麼呢?

番茶核桃司康

和風司康。茶葉淡淡的苦味令人上癮，核桃更點綴了風味與口感。

材料 直徑約5cm的司康5～6顆分

A
- 中筋全粒粉 ⋯ 150g
- 甜菜糖 ⋯ 40g
- 番茶茶葉 ⋯ 2大茶匙
- 泡打粉 ⋯ 1小茶匙
- 鹽 ⋯ 一小撮
- 核桃 ⋯ 40g
- 植物油 ⋯ 3大茶匙
- 楓糖漿 ⋯ 2大茶匙
- 豆漿優格 ⋯ 2大茶匙

準備

- A 部分材料中的番茶茶葉放入磨缽搗碎。
- 核桃送入130～140℃的烤箱烘烤約10分鐘後剁成粗粒。
- 烤盤上鋪好烘焙紙。
- 烤箱預熱170℃

作法

1. 盆中放入備好的茶葉粉末和 A 剩下的所有材料，用手混合均勻（a、b）。

2. 加入植物油（c），以單手指尖拌開，採畫圓方式混合材料（d）。混合至出現結塊後，以雙手捏碎結塊並拌勻（e）。

3. 加入剁成粗粒的核桃，大略混合。接著再加入楓糖漿（f）攪拌。最後加入豆漿優格（g），大幅度攪拌均勻成一團。

▷ 能輕鬆混成一整塊麵團，才可以作出好吃的司康。如果材料難以均勻混合，可以添加少許豆漿優格（食譜分量外）調節濕潤度（h）。但如果麵團太濕黏，則加入少許中筋全粒粉（食譜分量外）。

4. 所有材料揉成一團後（i），在盆中分成5～6等分。

5. 用手輕輕搓圓麵團，擺放在烤盤上（j）。麵團之間隔點距離，避免烘烤時黏在一起。送入170℃的烤箱烘烤約20分鐘。

▷ 輕戳司康底部若能感覺到彈性即代表完成。但小心別燙到手。

6. 靜置於鐵網上冷卻。

葡萄乾司康

香料葡萄乾也可以用酒漬蔓越莓或酒漬杏桃代替（皆為P.27）。
換成其他喜歡的果乾來製作也不錯喔。

材料 直徑約5cm的司康5〜6顆分

A
- 香料葡萄乾 … 40g
  - 中筋全粒粉 … 75g
  - 低筋麵粉 … 75g
  - 甜菜糖 … 30g
  - 泡打粉 … 1小茶匙
  - 鹽 … 少許
- 植物油 … 3大茶匙
- 豆漿優格 … 50g
- 細砂糖（100%甜菜糖）… 適量

準備

- 擠出香料葡萄乾多餘的水分。
- 烤盤上鋪好烘焙紙。
- 烤箱預熱170℃。

作法 請參照P.14的照片a〜j

1. 盆中放入 A ，用手混合均勻。

2. 加入植物油，以單手指尖拌開，採畫圓方式混合材料。混合至出現結塊後，以雙手捏碎結塊並拌勻。

3. 加入擠乾的香料葡萄乾，大略混合。接著再加入豆漿優格，大幅度攪拌，但不要太用力揉。

   能輕鬆混成一整塊麵團，才可以作出好吃的司康。如果材料難以均勻混合，可以添加少許豆漿優格（食譜分量外）調節濕潤度。但如果麵團太濕黏，則加入少許中筋全粒粉（食譜分量外）。

4. 所有材料揉成一團後，在盆中分成5〜6等分。

5. 用手輕捏調整形狀後放到烤盤上。麵團之間隔點距離，避免烘烤時黏在一起。整體撒上細砂糖（a），送入170℃的烤箱烘烤18〜20分鐘。

   輕戳司康底部若能感覺到彈性即代表完成。但小心別燙到手。

6. 靜置於鐵網上冷卻。

a

巧克力檸檬司康

外觀看起來只是一般的巧克力脆片司康，咬下後柔和又清新的檸檬香氣令人驚喜。

材料 直徑12cm的大司康1塊分

- 巧克力（或巧克力豆）… 40g
- 檸檬皮屑（現削）… 1顆分
A
- 中筋全粒粉 … 75g
- 低筋麵粉 … 75g
- 甜菜糖 … 30g
- 泡打粉 … 1小茶匙
- 鹽 … 一小撮
- 植物油 … 3大茶匙
- 成分無調整豆漿 … 40mℓ

準備

- 巧克力若太大塊可先剁成粗粒。
- 烤箱預熱170～180℃。

作法 作法1～3請參照P.14的照片a～h

1. 盆中放入 A，用手混合均勻。

2. 加入植物油，以單手指尖拌開，採畫圓方式混合材料。混合至出現結塊後，以雙手捏碎結塊並拌勻。

3. 加入巧克力、檸檬皮，大略混合。接著再加入豆漿，並大幅度攪拌。

🏳 能輕鬆混成一整塊麵團，才可以作出好吃的司康。如果材料難以均勻混合，可以添加少許豆漿（食譜分量外）調節濕潤度。但如果麵團太濕黏，則加入少許中筋全粒粉（食譜分量外）。

4. 所有材料揉成一團後，取出移到烘焙紙上，塑形成直徑約12cm、厚約2.5cm的圓餅型（a）。接著拿菜刀切成6等分（b），小心不要割破烘焙紙。最後直接連整張烘焙紙一起放上烤盤（c），送入170～180℃的烤箱烘烤20～25分鐘。

🏳 輕戳司康底部若能感覺到彈性即代表完成。但小心別燙到手。

5. 靜置於鐵網上冷卻。

a b c

偽起司蛋糕
原味
→ P.22

偽起司蛋糕
蘋果

→ P.23

偽起司蛋糕
原味

起司蛋糕般的風味，來自脫水的優格。
記得在製作的前一天先將優格脫水處理。

材料 直徑7.5cm的馬芬模6顆分

- 豆漿優格 … 600g
- 甜菜糖 … 40g
- 楓糖漿 … 2大茶匙
- 腰果 … 30g
- 杏仁粉 … 25g
- 玉米粉 … 15g
- 白味噌 … 1大茶匙
- 檸檬汁 … 4大茶匙
- 椰子油 … 1½ 大茶匙
- 香草莢 … 3cm
- 葛粉 … 10g

準備

- 濾網鋪好紙巾後架在盆子上。倒入豆漿優格，靜置一晚脫水至剩下300g左右（a）。
- 模具中放入裁切成正方形（約12×12cm）的烘焙紙（b）。
- 烤箱預熱160℃

作法

1. 盆中放入脫水後的豆漿優格和其他所有材料，使用手持式攪拌機攪打至綿滑狀（c、d），接著倒入模具（e）。

2. 送入160℃的烤箱烘烤20分鐘。接著調高至200℃，再烤5分鐘。出爐後連同模具移到鐵網上靜置，待冷卻即可脫模。

a

b

c

d

e

偽起司蛋糕
蘋果

由於加了豆腐，味道會比原味（P.22）
再清爽一些，營養價值超高！

材料 直徑15cm的圓形蛋糕模（活底可拆式）1個分

蜜糖蘋果 ⌐ P.27 … 150g

A
- 豆漿優格 … 600g
- 脫水豆腐 ⌐ P.62作法1～4 … 100g
- 甜菜糖 … 40g
- 楓糖漿 … 3大茶匙
- 腰果 … 50g
- 葛粉 … 15g
- 玉米粉 … 15g
- 白味噌 … 1大茶匙
- 檸檬汁 … 4大茶匙
- 椰奶 … 2大茶匙
- 簡易奶酥 ⌐ P.26 … ½量
- 甜菜糖 … 適量

準備

- 瀝乾蜜糖蘋果的水分
- 濾網鋪好紙巾後架在盆子上。倒入豆漿優格，靜置一晚脫水至剩下300g左右。
- 烤盤鋪好烘焙紙，倒入簡易奶酥並均勻散開。送入180℃的烤箱烘烤 7～10分鐘。
- 模具中鋪好烘焙紙。
- 烤箱預熱160℃。
- 將甜菜糖放入磨缽搗成糖粉。

作法

1. 盆中放入脫水後的豆漿優格和A部分剩下的材料，使用手持式攪拌機攪打至綿滑狀（a）。

2. 模具中先倒入¼量的麵糊，再平均鋪上蜜糖蘋果（b）。

⊏ 鋪蘋果時盡量避開中間，成品會比較好切。

3. 倒入剩下的麵糊（c），送入160℃的烤箱烘烤40分鐘。出爐後連同模具移到鐵網上靜置放涼，再移入冰箱冷藏，冷藏後即可脫模。最後均勻鋪上烤過的奶酥，篩上糖粉，切成好入口的大小即可。

a b c

綜合水果奶酥

熱熱吃、冷冷吃都好吃的簡易甜點。可以自行發揮創意，使用當季水果來製作。

材料 12.5×8.5×高1.5cm的耐熱容器6個分

喜歡的水果
- 無花果 … 3顆
- 李子（去籽）… 3顆
- 奇異果 … 2顆
- 香蕉 … 2根
- 玉米粉 … 1～2大茶匙
- 檸檬汁 … 1大茶匙

A
- 燕麥片 … 20g
- 杏仁片 … 20g
- 楓糖漿 … 1大茶匙

- 簡易奶酥→P.26 … 全量

準備
- 烤箱預熱180℃。

作法

1. 奇異果和香蕉去皮，無花果、李子則保留皮。將所有水果切成好入口的大小後放入盆中，撒上玉米粉、淋上檸檬汁拌勻。接著平均分裝到每個容器裡。

2. 盆中放入 A 並攪拌，加入奶酥後進一步混合均勻。接著鋪在1上，並將所有容器擺上烤盤。

3. 送入180℃的烤箱烘烤10～15分鐘，烤至奶酥出現焦色、水果開始冒泡。烤完後連同容器移到鐵網上放涼。

簡易奶酥作法

又脆又香的奶酥，可以增添甜點的風味和口感。
可以一次多做一些冷凍保存，使用時不需要事先解凍。

材料 方便製作的分量

- 低筋全粒粉（或低筋麵粉）⋯ 60g
- 杏仁粉 ⋯ 30g
- 甜菜糖 ⋯ 30g
- 植物油 ⋯ 3大茶匙

作法

1. 盆中放入粉類材料，用手混合均勻。

2. 加入植物油。

3. 以單手指尖拌開，採畫圓方式混合材料至出現結塊。

4. 可以視情況慢慢添加植物油（食譜分量外）調節濕潤度，混合至過大的顆粒消失為止。

5. 混合至不留一點粉末後即OK！奶酥的顆粒大小可依個人喜好調整。

※這個步驟中也可以加入適量的杏仁片等堅果類材料。

 保存A
不烘烤

裝入保存容器或保鮮袋，盡可能鋪平，冷凍保存。保存期限2週～1個月。

保存B
烘烤

將作法5的奶酥平鋪於烤盤（鋪好烘焙紙）上，送入180℃的烤箱烘烤7～10分鐘。接著連同乾燥劑一起放入密閉容器，常溫下約可保存10天。

使用奶酥的甜點

偽起司蛋糕
蘋果
→ P.23

綜合水果奶酥
→ P.24

地瓜塔
→ P.64

酸櫻桃奶酥馬芬
→ P.74

李子方形蛋糕
→ P.98

調理水果與醃拌水果

製作素食甜點時，可少不了新鮮水果和果乾。
或煮、或醃、或涼拌，稍微加工一下會更好吃。

使用新鮮水果或罐頭水果製作

調理過的新鮮水果或罐頭水果可以加入蛋糕，
增添華麗感與溫和的甜味。

蜜糖蘋果
容易製作的分量

加入少許的水，能覆蓋整面鍋底的量
即可。蘋果帶皮切成一口大小，放入
鍋中。接著加入楓糖漿、檸檬汁後燜
煮。煮至蘋果邊緣呈現半透明狀，水
分也蒸發得差不多為止（1顆蘋果使
用1大茶匙的楓糖漿、½大茶匙檸檬
汁、加熱約6～7分鐘）。

→ P.23 偽起司蛋糕 蘋果

蜜糖酸櫻桃
容易製作的分量

鍋中放入櫻桃罐頭（連同罐頭內的
汁），加入少許玉米粉後稍微煮過。
煮掉多餘水分且帶有黏稠度會更便於
應用。（每100g櫻桃罐頭使用1大茶
匙的玉米粉，加熱約3～4分鐘）。

→ P.74 酸櫻桃奶酥馬芬

蜜糖覆盆莓
容易製作的分量

新鮮覆盆莓加入龍舌蘭糖漿、檸檬汁
拌勻。也可以倒入鍋中開小火，搗爛
成抹醬狀。（每100g覆盆莓使用1小
茶匙的龍舌蘭糖漿、1小茶匙的檸檬
汁）。

→ P.89 椰子蛋糕的裝飾小巧思

使用果乾製作

果乾泡軟後再拿來使用。可以稍微煮過，或浸漬洋酒。
也可以加入香料和檸檬皮來增添風味。大家可以研究自己喜歡的口味。

香料葡萄乾
容易製作的分量

鍋中放入葡萄乾，加水至稍微蓋過葡
萄乾，並加入喜歡的香料（肉桂、八
角等），快速煮過即可。

→ P.16 葡萄乾司康 等

酒漬蔓越莓
容易製作的分量

加入稍微蓋過蔓越莓量的洋酒（柑曼
怡香橙酒、櫻桃白蘭地等）浸漬。也
可以加入檸檬皮和香草莢，增添香
氣。

→ P.84 蔓越莓磅蛋糕

酒漬杏桃
容易製作的分量

以熱水浸泡杏桃乾30分鐘～1小時泡
發。接著擠乾水分，加入稍微淹過表
面的蘭姆酒浸泡。

→ P.96 抹茶杏桃蛋糕

3種冰盒餅乾

塑形、冷凍，最後拿菜刀切分。
可以一次做出大量的餅乾。

腰果胡椒餅乾

香料風味的鹹餅乾也很適合當作下酒菜。
甜鹹餅乾輪流吃，一個不小心就停不下來了！

材料 2×2×厚1cm的餅乾約30片分

- 腰果 … 30g

A
- 低筋麵粉 … 100g
- 甜菜糖 … 30g
- 黑胡椒 … 1/3 小茶匙（依喜好調整）
- 迷迭香（新鮮）… 4～5g
- 泡打粉 … 1/8 小茶匙（0.5g）
- 鹽 … 1/2 小茶匙

B
- 植物油 … 2大茶匙
- 成分無調整豆漿 … 4小茶匙

準備

- 腰果送入130～140℃的烤箱烘烤約10分鐘後剁成粗粒。
- 將A部分材料中迷迭香的葉子拔下來剁碎。
- 烤盤鋪好烘焙紙。
- 烤箱預熱160℃。

作法

1. 盆中放入剁碎的迷迭香與A剩下的所有材料，用矽膠刮刀拌勻。

2. 加入混合均勻的B，以切拌方式拌至還能感覺到些許粉粒的狀態，加入腰果後繼續攪拌（a）成一整團（b）。

旗 能輕鬆混成一整塊麵團，才可以作出好吃的餅乾。如果材料難以均勻混合，可以添加少許豆漿（食譜分量外）調節濕潤度。但如果麵團太濕黏，則加入少許低筋全粒粉（食譜分量外）。

3. 將盆中麵團分成2等分，並分別放到不同張保鮮膜上，捏成切面約2cm見方、長15cm的棒狀，再用刮板或菜刀刀背塑形。接著包起保鮮膜（c、d），放冰箱冷藏至少2小時（或冷凍1小時左右）。

4. 將3切成1cm厚的小麵團（e），並排放上烤盤，麵團之間隔點距離，避免烘烤時黏在一起（f）。送入160℃的烤箱烘烤20～23分鐘，以指甲輕敲表面時若感覺堅脆即可出爐。出爐後連同烘焙紙移到鐵網上放涼。

杏仁餅乾

每一口都咬得到滿滿的杏仁！酥脆口感令人食指大動。

材料 2×5×厚1cm的餅乾約20片分

- 杏仁 … 50g

A
- 低筋麵粉 … 100g
- 杏仁粉 … 20g
- 甘蔗糖 … 30g
- 泡打粉 … 1/8小茶匙（0.5g）
- 鹽 … 兩小撮

B
- 植物油 … 3大茶匙
- 成分無調整豆漿 … 2大茶匙

準備

- 杏仁送入130～140℃的烤箱烘烤約10分鐘後剁成粗粒。
- 烤盤鋪好烘焙紙。
- 烤箱預熱160℃。

作法

1. 參照腰果胡椒餅乾→P.30的作法 1～2，將麵團混合成一整塊。不過本譜中使用的是杏仁而不是腰果。

2. 拉一張保鮮膜出來並放上 1，捏成切面約2×5cm長方形、長20cm的的棒狀，再用刮板等器具塑形。接著包起保鮮膜（a），放冰箱冷藏至少2小時（或冷凍1小時左右）。

3. 將 2 切成1cm厚的小麵團（b）後放上烤盤，麵團之間隔點距離，避免烘烤時黏在一起（c）。送入160℃的烤箱烘烤15分鐘。接著調成150℃，再烤10分鐘，以指甲輕敲表面時若感覺堅脆即可出爐，移到鐵網上放涼。

榛果巧克力豆餅乾

小荳蔻和肉桂的特殊香氣，營造出屬於大人口味的香料餅乾。

材料 邊長6cm的三角型餅乾約18片分

- 巧克力豆 … 30g
- 榛果 … 30g

A
- 低筋麵粉 … 100g
- 杏仁粉 … 20g
- 甘蔗糖 … 30g
- 小荳蔻粉 … 1/3 小茶匙
- 肉桂粉 … 1/3 小茶匙
- 泡打粉 … 1/8 小茶匙（0.5g）
- 鹽 … 兩小撮

B
- 植物油 … 3大茶匙
- 成分無調整豆漿 … 2大茶匙

準備

- 榛果送入130～140℃的烤箱烘烤約10分後剁成粗粒。
- 烤箱預熱160℃。

作法

1. 參照腰果胡椒餅乾→P.30的作法 1～2，將麵團混合成一團。不過本譜中使用的是榛果和巧克力豆，而不是腰果。

2. 將 1 放上烘焙紙並用手壓平（a）。稍微用力擀開擀平（b），擀成約18×18cm、厚度1cm的片狀（c）。接著直接放冰箱冷藏至少2小時（或冷凍1小時左右）。

3. 將整片麵團切割成9等分，6×6cm的正方形。接著再斜切成三角形（d）。

4. 將 3 連同整張烘焙紙放上烤盤，麵團之間隔點距離，避免烘烤時黏在一起。送入160℃的烤箱烘烤15分鐘。接著調成150℃，再烤10分鐘，以指甲輕敲表面時若感覺堅脆即可出爐，移到鐵網上放涼。

薑汁軟餅乾

鬆軟濕潤的巧克力餅乾，口感有點像麵包。

材料 直徑4～5cm的餅乾約16片分

A
- 低筋麵粉 … 150g
- 紅糖 … 30g
- 杏仁粉 … 20g
- 肉桂粉 … 1小茶匙
- 泡打粉 … 1/2小茶匙
- 鹽 … 1/4小茶匙

B
- 可可塊（或巧克力）… 50g
- 蘋果泥 … 50g
- 生薑泥 … 20g
- 楓糖漿 … 2大茶匙
- 成分無調整豆漿 … 2大茶匙
- 椰子油 … 2大茶匙
- 巧克力豆 … 35g
- 細砂糖（100%甜菜糖）… 適量

準備

- B 部分材料中的可可塊先隔水加熱融化。
- 烤盤鋪好烘焙紙。
- 烤箱預熱170℃。

作法

1. 盆中放入融化的可可塊和B部分剩下的材料，用矽膠刮刀攪拌至呈現綿滑狀（a）。

2. 加入混合均勻的 A（b），大致混合後拌成一團（c）。將盆中的麵團分成16等分（1塊25～30g），並用手搓圓後放上烤盤。麵團之間隔點距離，避免烘烤時黏在一起。

3. 稍微壓扁每一顆麵團，接著放上巧克力豆（d），整體撒上細砂糖（e）。

4. 送入170℃的烤箱烘烤20～25分鐘。出爐後連同烘焙紙一同移到鐵網上放涼。

簡易餅乾

每天都想來一塊！吃不膩的平實好滋味。

材料 直徑約5cm的餅乾15片分

A
- 低筋全粒粉 … 25g
- 低筋麵粉 … 25g
- 杏仁粉 … 25g
- 甜菜糖 … 3～4g
- 鹽 … 一小撮

B
- 楓糖漿 … 1½大茶匙
- 植物油 … 1大茶匙

準備

- 烤箱預熱170℃。

作法

1. 盆中放入A，以矽膠刮刀混合均勻。

2. 加入攪拌均勻的B，以切拌方式拌勻後，捏成方方正正的模樣。

▷ 如果材料難以均勻混合，可以添加少許成分無調整豆漿（食譜分量外）調節濕潤度。

3. 將麵團移到烘焙紙上，擀成3mm厚的長方形薄麵團。本譜麵團質地較軟，所以一開始可以用擀麵棍採按壓方式將整體壓扁（a），再滾動擀麵棍擀平（b）。擀麵過程不時90°轉動烘焙紙，繼續擀出均勻的厚度（c）。

4. 用壓模壓切麵團（d），拔除多餘的麵團（e）。餅乾之間的麵團可以用竹籤挑除（f）。接著使用刮板等器具稍微隔開每一片餅乾麵團，避免烘烤時黏在一起。

5. 連同烘焙紙一起移到烤盤上，送入170℃的烤箱烘烤約15分鐘。出爐後移到鐵網上放涼。

※多出來的麵團可以再揉成「第2顆麵團」，擀開後壓模。

應用變化

簡易餅乾趁熱夾住適量角豆粒（類似巧克力），利用餅乾本身的溫度軟化角豆粒，就可以做成巧克力味夾心餅乾。

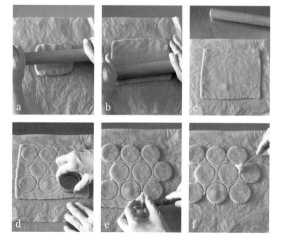

法式鄉村蘋果派

→ P.38

法式鄉村藍莓派

→ P.39

法式鄉村
蘋果派

派皮本身沒有甜味，因此更能襯托出蘋果本身的香甜。
嗜甜的朋友也可以在派皮中加入甜菜糖調整甜度。

材料 直徑約20cm的派1塊分

A｜・中筋全粒粉 … 160g
　｜・太白粉 … 30g
　｜・甜菜糖 … 30g
　｜・紅茶茶葉（建議使用伯爵茶）
　｜　　… 1大茶匙
　｜・泡打粉 … ¼小茶匙
　｜・鹽 … ¼小茶匙
　｜・椰子油 … 5大茶匙
　｜・冰水 … 3大茶匙

B｜・蘋果 … 350〜400g（純果肉）
　｜・甜菜糖 … 1大茶匙
　｜・玉米粉 … 2大茶匙
　｜・蘭姆酒 … 1大茶匙
　｜・檸檬汁 … 1小茶匙
　｜・細砂糖（100%甜菜糖）… 適量

準備

・冰鎮椰子油。
・B部分的蘋果縱切成4等分，切掉果核，帶皮縱切成5mm厚的薄片。
・烤箱預熱190〜200℃。

作法

1. 盆中放入A，平均加入冰鎮凝固的椰子油，以刮板切拌混合（a）。攪拌至油脂完全溶入麵粉，看不見結塊後，放入冰箱冷藏30分鐘降溫。

2. 1中加入食譜分量的冰水（b），以手大動作攪拌成一整團（c、d）。

　　能輕鬆混成一整塊麵團，才可以作出酥脆的派皮。如果材料難以均勻混合，可以添加少許冰水（食譜分量外）調節濕潤度。

3. 將麵團移到烘焙紙上，擀成直徑約30cm、厚約5mm的圓餅（e）。擀麵過程隨時旋轉烘焙紙，確保麵團整體厚度均等。

4. 將黏在2盆中的殘餘麵團擦乾淨，接著放入切好的蘋果和B剩下的材料混合。

5. 將4放上3，記得邊緣留下5cm左右的空間（f）。接著從邊緣一點一點往內摺（g）。

6. 麵團連同烘焙紙挪到烤盤上，在摺好的派皮部分撒上細砂糖（h）。送入190〜200℃的烤箱烘烤約30分鐘。出爐後連同烘焙紙移到鐵網上放涼。

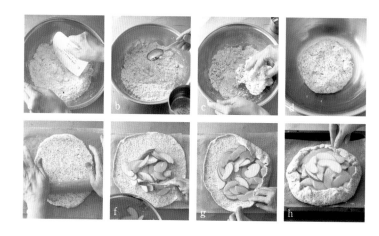

法式鄉村
藍莓派

也可以用覆盆莓、黑莓、草莓做出不同口味的派。

材料 直徑約20cm的派1塊分

A
- 中筋全粒粉 … 160g
- 太白粉 … 30g
- 甜菜糖 … 20g
- 泡打粉 … ¼小茶匙
- 鹽 … ¼小茶匙
- 椰子油 … 5大茶匙
- 冰水 … 3大茶匙

B
- 藍莓（新鮮）… 300g
- 甜菜糖 … 1大茶匙
- 玉米粉 … 1大茶匙
- 檸檬汁 … 1小茶匙
- 細砂糖（100%甜菜糖）… 適量
- 檸檬皮 … 適量

準備

- 冰鎮椰子油。
- 烤箱預熱190～200℃。

作法 請參照P.38照片的a～h

1. 參照法式鄉村蘋果派→ P.38的作法1～2，將麵團混合成一團。

2. 將麵團移到烘焙紙上，擀成直徑約30cm、厚度約5mm的圓盤狀。擀麵過程隨時旋轉烘焙紙，確保麵團整體厚度均等。

3. 將黏在1盆中的殘餘麵團擦乾淨，放入B部分的材料拌勻。

4. 將¾量的3放上2，記得邊緣留下5cm左右的空間。接著從邊緣一點一點往內摺。摺好後再放上剩下的3。

5. 麵團連同烘焙紙挪到烤盤上，在摺好的派皮處撒上細砂糖。送入190～200℃的烤箱烘烤約30分鐘。出爐後連同烘焙紙移到鐵網上放涼。

6. 平均削上適量檸檬皮屑。

肉桂捲

除了胡桃，還可以加入香料葡萄乾（P.27）！

材料 直徑7.5cm的馬芬模6顆分

A · 中筋全粒粉 … 200g
　 · 甜菜糖 … 20g
　 · 泡打粉 … 2小茶匙
　 · 鹽 … 1/8小茶匙（0.75g）

B · 成分無調整豆漿 … 150mℓ
　 · 植物油 … 5大茶匙
　 · 紅糖 … 2大茶匙
　 · 肉桂粉 … 1大茶匙
　 · 胡桃 … 25g
　 · 米飴 … 2大茶匙
　 · 原味糖霜→ P.43下方 … 適量

準備

· 胡桃送入130～140℃的烤箱烘烤約10
　分鐘後剁成粗粒。
· 模具中放入烘焙紙杯。
· 烤箱預熱180℃。

作法

1. 盆中放入B部分的材料，以矽膠刮刀攪拌均勻（a）。

2. 加入混合好的A並繼續攪拌（b、c）。攪拌均勻成一團後，分成一半再折疊麵團，重複進行3～4次（d、e）。

3. 於砧板撒上少許麵粉鋪底（食譜分量外）再放上2，以手指將麵團延展成16×24cm的長方形（f）。

3. 整體撒上紅糖、肉桂粉（g），並放上備好的胡桃，淋上米飴（h）。

4. 由靠近身體一側向外捲起（i），切成6等分。接著切口朝上放入模具（j）。

5. 送入180℃的烤箱烘烤約20分鐘。出爐後連同模具移到鐵網上放涼。待冷卻即可脫模，最後利用湯匙淋上糖霜。

6.

摩卡捲

做成咖啡風味的肉桂捲。
用紅糖取代甜菜糖，可以做出更醇厚的味道。

材料 直徑7.5cm的馬芬模6顆分

A
- 中筋全粒粉 … 200g
- 可可粉 … 30g
- 甜菜糖 … 20g
- 泡打粉 … 2小茶匙
- 鹽 … ⅛小茶匙（0.75g）

B
- 成分無調整豆漿 … 150mℓ
- 植物油 … 5大茶匙
- 甜菜糖 … 2大茶匙
- 咖啡粉（粉末狀） … 1大茶匙
- 杏仁片 … 20g
- 巧克力豆 … 20g
- 米飴 … 2大茶匙
- 咖啡糖霜→參照下方※ … 適量

準備

- 模具中放入烘焙紙杯。
- 烤箱預熱180℃。

作法 請參照P42照片的a～j

1. 參照肉桂捲 → P42 的作法 1～3，將麵團推開。

2. 整體撒上甜菜糖、咖啡粉（a），並放上杏仁片、巧克力豆（b），淋上米飴（c）。

3. 由靠近身體一側向外捲起，切成6等分。接著切口朝上放入模具。

4. 送入180℃的烤箱烘烤約20分鐘。出爐後連同模具移到鐵網上放涼。待冷卻即可脫模，利用湯匙淋上糖霜。

糖霜基礎作法

材料 容易製作的分量

- 甜菜糖 … 2大茶匙
- 水 … 約1小茶匙

將甜菜糖放入磨缽搗碎（a）。接著倒入盆中，加入食譜分量的水後用湯匙攪拌（b）。如果太乾，可以斟酌加水（食譜分量外）調節濕潤度（c）。攪拌至拉起來時會稍微流動的狀態即可（d）。隔水加熱可以做出更細緻的口感（e）。

※若要製作咖啡糖霜，用等量的熱水泡開咖啡粉後，以咖啡取代原本食譜中1小茶匙的水加入。而要製作檸檬糖霜則以檸檬汁代替。含水材料必須分次慢慢加入。

地瓜椰奶湯

冷熱皆宜，味道濃郁紮實的亞洲風甜湯。喜歡肉桂粉的朋友也可以撒一點。

材料 3～4人分

- 地瓜 … 100g
- 水 … 100㎖
A
- 椰奶 … 100㎖
- 成分無調整豆漿 … 100㎖
- 龍舌蘭糖漿（或米飴）… 2小茶匙
- 楓糖漿 … 1小茶匙
- 鹽 … 兩小撮
- 核桃、椰子脆片（事先以130～140℃的
  烤箱烘烤10分鐘）… 各適量

作法

1. 地瓜帶皮切成1㎝寬的厚片，放入鍋中，並加入食譜
   分量的水。開火煮約10分鐘，煮至地瓜變軟，接著瀝
   乾多餘水分後倒入盆中。

2. 加入 A，並以手持式攪拌機攪打至整體呈現綿滑
   狀。

   🖐 這個階段可以依喜好調整味道濃淡。添加少許龍舌蘭糖漿或米飴、楓
   糖漿、椰奶（皆為食譜分量外）可以調整甜味與風味濃郁程度。而添加
   少許豆漿或水（皆為食譜分量外）則可以調整濃稠度。

3. 盛入碗盤，撒上核桃、椰子脆片，淋上少許椰奶（食
   譜分量外）。

鮮桃番茄薄荷湯

彷彿在喝帶有清新薄荷香氣的果汁。冰冰涼涼的更好喝。

材料 3～4人分

- 桃子 … 2顆

A
- 番茄（帶皮切塊）… 200g
- 柳橙汁 … 100ml
- 龍舌蘭糖漿（或米飴）… 2～3大茶匙
- 薄荷 … 10～15片

- 番茄（裝飾用）… ½顆
- 薄荷（裝飾用）… 3～4片

作法

1. 盆中放入 A ，並以手持式攪拌機攪打成綿密的湯汁狀。接著包上保鮮膜，放冰箱冷藏至少1小時冷卻。

2. 桃子剝皮，切成一口大小。裝飾用番茄也切成1cm塊狀。

3. 將1盛入碗盤，放上2的桃子。撒上裝飾用番茄塊，最後放上薄荷裝飾。

杏桃椰子餅乾棒

酥酥脆脆的餅乾鋪上顆粒滿滿的果醬。杏桃的酸味令人食指大動。

材料 18×18cm的方形蛋糕模1個分

- 杏桃果醬（市售）… 100g
- A
  - 低筋全粒粉 … 100g
  - 杏仁粉 … 50g
  - 甜菜糖 … 3～4g
  - 鹽 … 一小撮
- B
  - 楓糖漿 … 3大茶匙
  - 植物油 … 2大茶匙
- C
  - 椰子脆片 … 50g
  - 杏仁 … 30g
  - 椰子油 … 1大茶匙
  - 楓糖漿 … 1大茶匙

準備

- 將C的杏仁剁成粗粒。
- 烘焙紙摺出貼合模具的摺痕。
- 烤箱預熱170℃。

作法

1. 盆中放入B，以矽膠刮刀攪拌至呈現綿滑狀。

2. 加入混合均勻的A，將所有材料拌勻後，做成一片四方型的麵團。

▷ 如果材料難以均勻混合，可以添加少許成分無調整豆漿（食譜分量外）調節濕潤度。

3. 將麵團移到烘焙紙上，擀成18×18cm的正方形。本譜麵團質地較軟，所以一開始可以用按壓方式壓扁（a），再滾動擀麵棍擀開。擀麵過程不時90°旋轉烘焙紙，最後再用手指調整麵團形狀（b）。

4. 將黏在2盆中的殘餘麵團擦乾淨，放入剁碎的杏仁和C剩下的材料混合。

5. 將3的麵團連同烘焙紙一起放入模具，用指尖推壓麵團，將邊緣填滿（c）。接著拿叉子在底部各處戳洞（d）。

6. 送入170℃的烤箱烘烤約15分鐘。出爐後整個模具移到鐵網上。接著將烤箱預熱至180℃，同時趁麵團還熱的時候平均抹上杏桃果醬（e），擺上4（f）。小心不要燙到。

7. 送入180℃的烤箱烘烤約20分鐘，烤至表面帶有焦色。出爐後整個模具移到鐵網上放涼，待冷卻即可脫模，切成好入口的大小。

a　b　c　d　e　f

巧克力燕麥棒

堅果和燕麥散發出誘人香氣。營養滿點的餅乾棒。

材料 18×18cm的方形蛋糕模1個分

- 巧克力豆 … 100g

A
- 低筋全粒粉 … 100g
- 杏仁粉 … 50g
- 可可粉 … 1½大茶匙
- 甜菜糖 … 3～4g
- 鹽 … 一小撮

B
- 楓糖漿 … 3大茶匙
- 植物油 … 2大茶匙

C
- 燕麥片 … 50g
- 杏仁片 … 25g
- 夏威夷豆（剁成粗粒）… 30g
- 椰子油 … 2大茶匙
- 楓糖漿 … 2大茶匙
- 成分無調整豆漿 … 1大茶匙

準備

- 烘焙紙摺出貼合模具的摺痕。
- 烤箱預熱170℃。

作法 作法3～6請參照P.46照片的a～f

1. 盆中放入B，以矽膠刮刀攪拌至呈現綿滑狀。

2. 加入混合均勻的A，將所有材料拌勻後，做成一片四方型的麵團。

戸 如果材料難以均勻混合，可以添加少許豆漿（食譜分量外）調節濕潤度。

3. 將麵團移到烘焙紙上，擀成18×18cm的正方形。本譜麵團質地較軟，所以一開始可以用按壓方式壓扁，再滾動擀麵棍擀開。擀麵過程不時90°旋轉烘焙紙，最後再用手指調整麵團形狀。

4. 將黏在2盆中的殘餘麵團擦乾淨，放入C的材料混合。

5. 將3的麵團連同烘焙紙一起放入模具，用指尖推壓麵團，將邊緣填滿。接著拿叉子在底部各處戳洞。

6. 送入170℃的烤箱烘烤約15分鐘。出爐後整個模具移到鐵網上。接著將烤箱預熱到180℃，同時趁麵團還熱的時候平均撒上巧克力豆，放上4。小心不要燙到。

7. 送入180℃的烤箱烘烤約15分鐘，烤至表面帶有焦色。出爐後整個模具移到鐵網上放涼，待冷卻即可連同烘焙紙一起脫模，切成好入口的大小。

黑芝麻豆漿寒天布丁

芝麻＆豆漿風味濃厚的寒天甜點。
芝麻醬本身具有稠度，要花點時間拌開。

材料 容量70㎖的杯子6個分

A ｜・黑芝麻醬 … 3大茶匙
　｜・米飴 … 3大茶匙
・水 … 100㎖
・楓糖漿 … 1大茶匙
・寒天粉 … 1小茶匙
・成分無調整豆漿 … 300㎖
・枸杞 … 12粒

作法

1. 盆中放入A，以矽膠刮刀攪拌均勻。

2. 取一小鍋，加入食譜分量的水、楓糖漿、寒天粉。開中火加熱，同時以刮刀攪拌混合。沸騰後轉小火繼續煮1～2分鐘。加入豆漿，再度轉中火加熱至接近沸騰。

3. 將2分次倒入1。每次加入時都用刮刀均勻拌開（a、b），拌到整體呈現綿滑狀態後，就可以將剩下的2一口氣加進去（c）。

4. 盆底泡在冰水裡，一面冷卻，一面攪拌出足夠的稠度（d）。

5. 倒入杯中待凝固。最後放上2粒枸杞裝飾。

🏳 寒天在常溫下也會凝固，但放冰箱冷藏過後會更好吃。

a　b　c　d

酪梨布蕾

綿柔口感迷倒眾生的素食布蕾。要使用已經成熟的酪梨喔。

材料 容量90mℓ的迷你烤盅6個分

- 酪梨 ⋯ 150～180g（純果肉）
- A
  - 椰奶 ⋯ 400mℓ
  - 成分無調整豆漿 ⋯ 100mℓ
  - 甜菜糖 ⋯ 40g
  - 烘焙用米麵粉 ⋯ 40g
  - 楓糖漿 ⋯ 4大茶匙
- 細砂糖（100%甜菜糖）⋯ 適量

準備

- 酪梨剝皮、去籽。準備好食譜標示的
  分量。

作法

1. 鍋中放入 A ，以矽膠刮刀攪拌均勻。

2. 開中火加熱，煮出濃稠感後轉小火再煮2分鐘，同時以刮刀持續攪拌。2分鐘後鍋子離火冷卻。

3. 將 2 倒入盆中，並加入備好的酪梨，以手持式攪拌機攪打至綿滑狀。接著分裝進迷你烤盅，放冰箱冷藏至少1小時。食用前撒上薄薄的一層細砂糖（a），以噴槍烤出焦糖色（b）。

覆盆莓果凍

使用大量新鮮覆盆莓製作的奢侈甜點。由於加了葛粉，吃起來還有種類似麻糬的口感。

材料 14.5×20.8×高4.4cm，
容量800mℓ的烤盤1盤分

- 覆盆莓（新鮮）… 120g＋裝飾用適量

A
- 成分無調整豆漿 … 350mℓ
- 薑汁 … 1大茶匙
- 楓糖漿 … 2大茶匙
- 龍舌蘭糖漿 … 2大茶匙
- 葛粉 … 1大茶匙
- 寒天粉 … 2小茶匙
- 香草莢 … 3cm
- 薄荷、萊姆皮（非必要）… 各適量

準備

- 取食譜分量中的豆漿適量，將葛粉
  泡開。

作法

1. 鍋中加入泡開的葛粉和A 剩下的所有材料，以矽膠刮刀攪拌均勻。

2. 用刀子刮取香草籽，連同豆莢一起加入1，開中火加熱2～3分鐘，並同時攪拌。注意不要煮到沸騰。

3. 放涼後加入120g的覆盆莓，並以手持式攪拌機攪打。攪打時上下晃動攪拌機，以便打入足夠的空氣。

4. 倒入烤盤，包上保鮮膜後放冰箱冷藏至少1小時待凝固。

5. 放上裝飾用的覆盆莓。也可擺上薄荷，撒上萊姆皮屑裝飾。最後切成好入口的大小。

甜酒冰淇淋

使用以米麴發酵而成的甜酒來製作，口感有如義式冰淇淋，味道十分清爽。
可以放上P.26的奶酥 保存B ，增添不同的口感。

材料 容易製作的分量

原味
・甜酒（濃縮）… 250g
・豆漿優格 … 250g
・龍舌蘭糖漿 … 2大茶匙
・檸檬汁 … 2小茶匙

草莓
・甜酒（濃縮）… 250g
・豆漿優格 … 100g
・草莓 … 200g
・龍舌蘭糖漿 … 2大茶匙

鳳梨
・甜酒（濃縮）… 250g
・豆漿優格 … 120g
・鳳梨 … 250g（純果肉）
・龍舌蘭糖漿 … 1大茶匙

作法 所有口味皆同

1. 盆中放入所有材料，以手持式攪拌機攪打至呈現綿滑狀。

▷ 可以依喜好添加少許龍舌蘭糖漿（食譜分量外）增加甜度。太甜的話則可以添加豆漿（食譜分量外）調淡。

2. 倒入方盤，包上保鮮膜後放冰箱冷凍至少3小時凝固。冷凍過程需不時拿出來，以手持式攪拌機或湯匙攪拌，灌入充足的空氣，成品的口感才會綿密。

多點小巧思

純素甜點麻雀變鳳凰。

蛋糕出爐後即使不做裝飾,也已經令人垂涎三尺!但是用豆腐鮮奶油來裝扮一下,或淋上糖霜、擺上水果,可以讓樸素的蛋糕改頭換面,華麗大變身。接下來除了介紹製作甜點的食譜之外,也會分享許多別出心裁的「化妝術」。

新鮮水果塔

→ P.60

新鮮水果塔

柿子與奇異果共舞。表面盛上滿滿的水果。

材料 直徑18cm的塔模（活底可拆式）1個分

- 喜歡的水果（本譜使用柿子、奇異果）
  … 適量

A
- 低筋麵粉 … 100g
- 低筋全粒粉 … 20g
- 甜菜糖 … 10g

B
- 植物油 … 50mℓ
- 成分無調整豆漿 … 30mℓ

C
- 杏仁粉 … 100g
- 低筋麵粉 … 50g
- 泡打粉 … ⅓小茶匙
- 鹽 … 一小撮

D
- 楓糖漿 … 3大茶匙
- 植物油 … 2大茶匙
- 成分無調整豆漿 … 2大茶匙
- 原味豆腐鮮奶油→P.62 … 適量
- 薄荷（非必要） … 適量

準備

- 將喜歡的水果削皮後切成好入
  口的大小。

作法

1. 盆中放入B，以矽膠刮刀攪拌均勻（a）。

2. 加入混合均勻的A（b），以切拌方式拌勻（c）。接著用手大幅度攪拌並揉成一團。如果材料難以均勻混合，可以添加少許豆漿（食譜分量外）調節濕潤度（d、e）。

⊨ 能輕鬆混成一整塊麵團，才可以作出酥脆的塔皮。

3. 將麵團移到烘焙紙上（f），擀成直徑約22cm的圓餅狀。擀麵過程需不時轉動烘焙紙，確保麵團厚度均勻（g）。擀成比模具稍大的程度（h）。

4. 以擀麵棍捲起麵團，輕蓋在模具上（i）。接著用手指按壓，讓麵團貼合模具（j）。擀麵棍架在模具上滾動，壓除多餘的麵團（k）。

5. 手指輕捏模具邊緣塑形（l），底部也要壓實。拿叉子在底部各處戳洞（m）。這裡先將烤箱預熱180℃。

6. 將黏在2盆中的殘餘麵團擦乾淨，放入D後以矽膠刮刀攪拌均勻（n）。接著加入混合均勻的C（o），繼續拌勻（p）。

7. 將6填滿5的塔皮，以矽膠刮刀抹平表面（q）。送入180℃的烤箱烘烤20～25分鐘。出爐後連同模具移到鐵網上放涼（r）。

8. 脫模後盛盤，拿小型矽膠刮刀抹上豆腐鮮奶油（s），擺上準備好的水果（t）。若有薄荷也可以拿來裝飾。

原味豆腐鮮奶油作法

豆腐製作的鮮奶油具有溫和的甜味，可以取代動物性鮮奶油。
而且豆腐鮮奶油營養無負擔，吃再多也不會產生罪惡感。

材料 容易製作的分量

- 板豆腐 … 150g → 若要燙過則準備 … 130g
- 香草莢（以刀子削下籽、豆莢也留著）… 1cm
- 楓糖漿 … 2～3大茶匙
- 鹽 … 一小撮

作法 作法1～4可以做出燙過後脫水的豆腐。而只有3～4則是一般的脫水豆腐。

1. 將水煮開，煮到豆腐放進去會抖動的狀態。小火煮5分鐘。

2. 起鍋後將豆腐置於濾網上，瀝除多餘水分。

3. 拿紙巾包住豆腐，墊上方盤，並壓上重物（瓶罐類等）。

4. 靜置30分鐘～1小時後就會變成照片上的模樣。

5. 量杯中放入4和香草籽，並加入楓糖漿和鹽。

6. 以手持式攪拌機攪打至綿滑乳狀。

🚩 豆腐的含水量會影響鮮奶油的濃稠度，所以可以添加少許豆漿（食譜分量外）調節濕潤度。也可以依喜好加入楓糖漿增加甜味。

※最後丟入香草莢的豆莢，靜置半天～1天，鮮奶油就會吸收香草莢的香氣。

————— **使用豆腐鮮奶油的甜點** —————

新鮮水果塔 → P.60　　　雙層夾心蛋糕 → P.93

除了這兩種甜點，也可以自由發揮，塗抹在各種蛋糕上！

豆腐鮮奶油風味變化

加入身邊常見食材，做出豐富多變的味道與顏色。

可可豆腐鮮奶油

原味豆腐鮮奶油→ P.62 的份量中加入可可粉1大茶匙，並以手持式攪拌機攪拌均勻。

花生豆腐鮮奶油

原味豆腐鮮奶油→ P.62 的份量中加入花生粉（無糖）2大茶匙，並以手持式攪拌機攪拌均勻。

抹茶豆腐鮮奶油

原味豆腐鮮奶油→ P.62 的份量中加入抹茶1大茶匙，並以手持式攪拌機攪拌均勻。

豆腐鮮奶油裝飾技巧

豆腐鮮奶油的各種應用方式。

利用湯匙輕輕盛上

攪拌均勻至呈現綿滑乳狀後，挖出一大匙鮮奶油，直接堆在馬芬等甜點上，最後輕輕抽開湯匙。

裝進擠花袋擠上

擠花袋前頭裝上喜歡的擠花嘴（照片為星型），擠上鮮奶油來裝飾。鮮奶油質地偏硬較容易擠出稜角分明的形狀，所以想用擠花袋裝飾時，左頁 中的豆漿就不要加太多。

利用刮刀抹上

用刮刀挖取鮮奶油後放上蛋糕，接著輕輕抹開並畫出花紋。小型刮刀較便於操作（湯匙也OK）。

圓嘟嘟

亮麗

別緻

地瓜塔

人人都喜歡的番薯甜點塔。除了撒上奶酥，還很適合再加一些肉桂粉喔。

材料 直徑18cm的塔模（活底可拆式）1個分

- 地瓜 … 400g

A
- 低筋麵粉 … 100g
- 低筋全粒粉 … 20g
- 可可粉 … 15g
- 甜菜糖 … 20g
- 鹽 … 少許

B
- 植物油 … 50mℓ
- 成分無調整豆漿 … 30mℓ

C
- 甜菜糖 … 10g
- 楓糖漿（或米飴） … 1大茶匙
- 椰子油 … ½大茶匙
- 成分無調整豆漿 … 1大茶匙
- 鹽 … 少許
- 香料葡萄乾（或葡萄乾） … 30g

奶酥
- 低筋全粒粉 … 20g
- 杏仁粉 … 10g
- 甜菜糖 … 10g
- 生薑泥 … 10g
- 植物油 … 1大茶匙
- 楓糖漿 … 少許
- 開心果（剁碎） … 適量

準備

- 擠出香料葡萄乾多餘的水分（若使用葡萄乾，先加水泡軟後擠乾）。
- 烤箱預熱170℃。

作法　作法1~5請參照P.61的照片a～m

1. 盆中放入B，以矽膠刮刀攪拌均勻。

2. 加入混合均勻的A，以切拌方式拌勻。接著用手大幅度攪拌並揉成一團。如果材料難以均勻混合，可以添加少許豆漿（食譜分量外）調節濕潤度。

3. 將麵團移到烘焙紙上，擀成直徑約22cm的圓餅狀。擀麵過程不斷轉動烘焙紙，確保麵團厚度均勻。擀成比模具稍大的程度。

4. 以擀麵棍捲起麵團，輕蓋在模具上。接著用手指按壓，讓麵團貼合模具。擀麵棍架在模具上滾動，壓除多餘的麵團。

5. 手指輕捏模具邊緣塑形，底部也要壓實。接著拿叉子在底部各處戳洞。

6. 送入170℃的烤箱烘烤15～20分鐘。出爐後移到鐵網上放涼（a）。

7. 地瓜連皮放入蒸籠或其他器具蒸軟。

8. 將黏在2盆中的殘餘麵團擦乾淨，放入一半量的7，趁熱以叉子壓成泥。接著加入C、香料葡萄乾、剩下的7。將地瓜壓爛，但保留一些粗顆粒。這時烤箱先預熱到180℃。

▷ 增減些許豆漿（食譜分量外）可調整地瓜餡的硬度。增減楓糖漿（食譜分量外）則可以調整甜度。

---

9. 將8填滿6的塔皮（b），並以矽膠刮刀抹平表面。

10. 將黏在8盆中的殘餘地瓜餡擦乾淨，製作奶酥。請參照簡易奶酥作法→P.26的步驟1～5。

11. 將10撒上9（c），塔皮邊緣淋上楓糖漿（d）。

12. 送入180℃的烤箱烘烤15～20分鐘。出爐後待冷卻即可脫模盛盤，最後再撒上開心果。

楓糖堅果塔

塞了滿滿的堅果，味道層次豐富。用其他喜歡的堅果製作，如杏仁、開心果也OK。

材料 長10.5×寬4.8cm的船形模7個分

A
- 低筋麵粉 … 100g
- 低筋全粒粉 … 20g
- 甜菜糖 … 10g
- 植物油 … 3大茶匙
- 成分無調整豆漿 … 20mℓ

B
- 喜歡的堅果（本譜使用核桃、杏仁片、胡桃、南瓜籽）… 總共120g
- 紅糖 … 3大茶匙
- 楓糖漿 … 2大茶匙
- 椰子油 … 1½大茶匙
- 成分無調整豆漿 … 1小茶匙
- 鹽 … ⅛小茶匙（0.75g）

準備

- 堅果先送入130～140℃的烤箱烘烤約10分鐘，若堅果太大塊則烘烤後剁成粗粒。
- 烤箱預熱170℃。

作法

1. 製作塔皮。盆中放入 A，均勻加入植物油，並以矽膠刮刀切拌混合。接著分次加入豆漿，用手大幅度且緩慢揉成一塊麵團。

   ▷ 能輕鬆混成一整塊麵團，才可以作出酥脆的塔皮。如果材料難以均勻混合，可以添加少許豆漿（食譜分量外）調節濕潤度。

2. 將盆中的麵團分成7等分，並搓揉成橢圓形後放到烘焙紙上，各擀成約長12×寬6cm的橢圓餅狀，比模具稍大的程度即可。

3. 將 2 的麵團蓋在模具上，用手指按壓，讓麵團貼合模具，同時去除超過模具的多餘麵團。接著同樣用手指輕捏模具邊緣塑形，底部也要壓實。然後拿叉子在底部各處戳洞。

4. 將麵團移到烤盤上，彼此之間留下足夠的間隔，送入170℃的烤箱烘烤15～20分鐘。出爐後連同模具移到鐵網上，放涼後脫模，並擺上鋪好烘焙紙的烤盤（a）。這時將烤箱再次預熱到170℃。

5. 將黏在 2 盆中的殘餘麵團擦乾淨，放入 B 混合，接著用湯匙將堅果填入 4 的塔皮（b）。送入170℃的烤箱烘烤10分鐘，出爐後連同整張烘焙紙移到鐵網上放涼。

風味鹹派
小番茄＋馬鈴薯＋蒔蘿

→ P.71

風味鹹派
蘑菇＋大蔥＋橄欖

→ P.71

鹹派皮的作法

本書不會用到重物（壓派石），所以麵團底部一定要拿叉子確實戳出洞，
避免派皮在烘烤時膨脹。

材料 直徑18cm的塔模
（活底可拆式）1個分

A
- 低筋全粒粉 … 70g
- 高筋麵粉 … 70g
- 鹽 … ⅓小茶匙
- 橄欖油 … 50ml
- 成分無調整豆漿 … 30ml

準備

- 烤箱預熱180℃。

作法

1. 盆中放入 A，均勻加入橄欖油，並以矽膠刮刀切拌混合。接著分次加入豆漿（a），用手大幅度且緩慢揉成一團（b）。

⊟ 能輕鬆混成一整塊麵團，才可以作出酥脆的派皮。如果材料難以均勻混合，可以添加些許豆漿（食譜分量外）調節濕潤度。

2. 將麵團移到烘焙紙上，擀成直徑約22cm的圓形（c）。擀麵過程不時轉動烘焙紙，確保麵團厚度均勻。擀到比模具稍大的程度即可。派皮邊緣容易裂開，需用手指稍微捏實，同時塑形（d）。

3. 以擀麵棍捲起麵團，輕蓋在模具上。接著用手指按壓，讓麵團貼合模具（e）。擀麵棍架在模具上滾動，壓除多餘的麵團（f）。

4. 用手指輕捏模具邊緣塑形（g），底部也要壓實。然後拿叉子在底部各處戳洞（h）。

5. 送入180℃的烤箱烘烤20～25分鐘。出爐後連同模具移到鐵網上放涼（i）。

風味鹹派　小番茄＋馬鈴薯＋蒔蘿

主角是鬆鬆軟軟暖呼呼的馬鈴薯。馬鈴薯的味道和核桃特別搭呢。

材料 直徑18cm的塔模
　　　（活底可拆式）1個分

- 派皮→P.42 … 1塊
- 小番茄（橫切片）… 3〜4顆
- 馬鈴薯（去皮）… 150g
- 蒔蘿 … 3〜4根＋裝飾用適量
- 核桃 … 30g

A
- 脫水豆腐→P.62的作法3〜4 … 200g
- 成分無調整豆漿 … 100mℓ
- 橄欖油 … 2大茶匙
- 葛粉 … 1大茶匙
- 白味噌 … 2小茶匙
- 鹽 … ⅓小茶匙
- 鹽 … 適量
- 橄欖油 … 適量

準備　・烤箱預熱180℃。

作法

1. 馬鈴薯放入蒸籠或其他器具蒸軟後，切成一口大小並撒上少許鹽。將蒔蘿（含裝飾用）葉子拔下來，核桃送入130〜140℃的烤箱烘烤約10分鐘後剁成粗粒。

2. 盆中放入A，以手持式攪拌機攪打至綿滑狀。接著加入1（不包含裝飾用蒔蘿），大致拌勻（a）。

3. 將2填入派皮至微微滿出來的程度（b），放上小番茄並撒上少許鹽。番茄之間擺上蒔蘿，整體淋上橄欖油（c）。

4. 送入180℃的烤箱烘烤30分鐘。出爐後連同模具移到鐵網上放涼。

風味鹹派　蘑菇＋大蔥＋橄欖

大蔥的調理重點在於炒出甜味。

材料 直徑18cm的塔模
　　　（活底可拆式）1個分

- 派皮→P.70 … 1塊
- 蘑菇 … 2〜3顆
- 大蔥 … 200g
- 橄欖（鹽漬、無籽）… 50g

A
- 脫水豆腐→P.62的作法3〜4 … 200g
- 成分無調整豆漿 … 100ml
- 橄欖油 … 2大茶匙
- 葛粉 … 1大茶匙
- 白味噌 … 2小茶匙
- 鹽 … ⅓小茶匙
- 橄欖油 … 適量
- 鹽 … 少許

準備　・烤箱預熱180℃。

作法

1. 蘑菇切成薄片備用。大蔥斜切成薄片後以少許橄欖油快速拌炒。橄欖橫切一半備用。

2. 盆中放入A，以手持式攪拌機攪打至綿滑狀。接著加入1的大蔥和橄欖，大致拌勻（a）。

3. 將2填入派皮至微微滿出來的程度，放上蘑菇並撒上鹽巴。整體淋上少許橄欖油（b）。

4. 送入180℃的烤箱烘烤30分鐘。出爐後連同模具移到鐵網上放涼。

紅蘿蔔
葡萄乾
馬芬
→ P.76

酸櫻桃
奶酥馬芬
→ P.74

香蕉巧克力馬芬
→ P.77

酸櫻桃奶酥馬芬

用蜜糖蘋果或蜜糖覆盆莓（皆P.27）
來取代蜜糖酸櫻桃也OK！

材料 直徑7.5cm的馬芬模6顆分

- 蜜糖酸櫻桃→P.27 … 100g

A
- 低筋麵粉（過篩）… 150g
- 低筋全粒粉（過篩）… 75g
- 杏仁粉 … 45g
- 甜菜糖 … 60g
- 泡打粉 … 2小茶匙
- 鹽 … 一小撮

B
- 脫水豆腐→P.62的作法3～4 … 120g
- 成分無調整豆漿 … 100mℓ
- 植物油 … 5大茶匙
- 楓糖漿 … 3大茶匙

奶酥
- 低筋全粒粉 … 30g
- 杏仁粉 … 15g
- 可可粉 … 10g
- 甜菜糖 … 15g
- 植物油 … 1½大茶匙

準備

- 模具中放入烘焙紙杯。
- 烤箱預熱180℃。

作法

1. 參照簡易奶酥作法→P.26的步驟1～5，製作奶酥（a、b）。

2. 盆中放入A，以矽膠刮刀攪拌均勻（c）。

3. 量杯中放入B，以手持式攪拌機攪打至呈現綿滑狀（d）。

4. 將3加入2（e），以矽膠刮刀大略攪拌至還能感覺到些許粉粒的狀態。接著加入蜜糖酸櫻桃（f），攪拌均勻（g）。

5. 以刮刀平均分配麵糊，填入模具（h）。放上1的奶酥（i）。

6. 送入180℃的烤箱烘烤30分鐘。以竹籤穿刺時不會沾黏到生麵團即代表完成。出爐後移到鐵網上，待冷卻即可脫模。

紅蘿蔔葡萄乾馬芬

加入大量紅蘿蔔絲的蔬食甜點。

材料 直徑7.5cm的馬芬模6顆分

- 紅蘿蔔（切成2cm長的絲）… 100g
- 香料葡萄乾→P27 … 30g
- 胡桃 … 30g

A
- 低筋麵粉（過篩）… 200g
- 杏仁粉 … 60g
- 甜菜糖 … 40g
- 肉桂粉 … 1小茶匙
- 薑粉 … ½小茶匙
- 肉荳蔻粉 … ½小茶匙
- 泡打粉 … 2小茶匙
- 鹽 … 一小撮

B
- 成分無調整豆漿 … 200㎖
- 植物油 … 6大茶匙
- 楓糖漿 … 2大茶匙

準備

- 香料葡萄乾輕輕擠出多餘水分。
- 胡桃送入130～140℃的烤箱烘烤10分鐘後剁成粗粒。
- 模具中放入烘焙紙杯。
- 烤箱預熱180℃。

作法

1. 盆中放入A，以矽膠刮刀混合均勻。

2. 加入拌勻的B，大略攪拌至留有一些粉末的狀態。接著加入紅蘿蔔、香料葡萄乾、胡桃繼續混合。

3. 以刮刀平均分配麵糊，填入模具。

4. 送入180℃的烤箱烘烤25～30分鐘。以竹籤穿刺時不會沾黏到生麵團即代表完成。出爐後移到鐵網上，待冷卻即可脫模。

···· **裝飾小巧思**

以湯匙挖取適量豆腐鮮奶油→P62
堆在紅蘿蔔葡萄乾馬芬上，
最後再撒上適量肉桂粉。

香蕉巧克力馬芬

超人氣口味。香蕉的甜度與本身的水分讓馬芬吃起來鬆軟濕潤。

材料 直徑7.5cm的馬芬模6顆分

- 香蕉 … 80g（純果肉）
- 巧克力豆 … 60g

A
- 低筋麵粉（過篩）… 150g
- 低筋全粒粉（過篩）… 75g
- 杏仁粉 … 45g
- 甜菜糖 … 40g
- 泡打粉 … 2小茶匙
- 鹽 … 一小撮

B
- 香蕉 … 100g（純果肉）
- 脫水豆腐→P.27的作法3～4 … 120g
- 成分無調整豆漿 … 50㎖
- 植物油 … 5大茶匙
- 楓糖漿 … 3大茶匙

C
- 椰子絲 … 3大茶匙
- 米飴 … 適量

準備

- 香蕉80g切成5mm厚的薄片。
  B 部分的香蕉切成3～4等分。
- C 部分的材料充分混合，讓椰子絲能沾黏在馬芬上。
- 模具中放入烘焙紙杯。
- 烤箱預熱180℃。

作法

1. 盆中放入 A，以矽膠刮刀混合均勻。

2. 量杯中放入 B 部分的所有材料，以手持式均質攪拌機攪打至綿滑狀。

3. 將 2 加入 1，以矽膠刮刀大略攪拌至還能感覺到些許粉粒的狀態。接著加入香蕉薄片和巧克力豆拌勻。

4. 以刮刀平均分配麵糊，填入模具。再放上備好的c。

5. 送入180℃的烤箱烘烤30分鐘。以竹籤穿刺時不會沾黏到生麵團即代表完成。出爐後移到鐵網上，待冷卻即可脫模。

┄┄ 裝飾小巧思

以湯匙撈取適量原味糖霜→P.43
來回畫線般將糖霜淋在
香蕉巧克力馬芬上。

巧克力蛋糕

連正統的巧克力蛋糕也只要拌一拌、烤一烤就能完成！最後淋上融化的巧克力增添魅力。

材料 直徑15cm的圓形蛋糕模（活底可拆式）1個分

A
- 低筋麵粉（過篩）… 80g
- 可可粉（過篩）… 50g
- 杏仁粉 … 50g
- 甜菜糖 … 55g
- 泡打粉 … 1½小茶匙
- 鹽 … 一小撮

B
- 可可塊 … 25g
- 脫水豆腐→ P.62的作法3～4 … 80g
- 成分無調整豆漿 … 80mℓ
- 蘋果汁 … 40mℓ
- 楓糖漿 … 2½大茶匙
- 植物油 … 3大茶匙
- 蘭姆酒 … ½大茶匙
- 巧克力 … 40g

準備

- B 部分的可可塊事先隔水加熱融化。
- 模具裡鋪好烘焙紙。
- 烤箱預熱170℃。
- 巧克力事先隔水加熱融化。

作法

1. 盆中放入 A，以矽膠刮刀混合均勻。

2. 量杯中放入融化的可可塊和 B 剩下的所有材料，以手持式攪拌機攪打至綿滑狀。

3. 將 2 加入 1，大致攪拌均勻後倒入模具。

4. 送入170℃的烤箱烘烤25～30分鐘。以竹籤穿刺時不會沾黏到生麵團即代表完成。出爐後連同模具移到鐵網上放涼。

5. 脫模後盛盤，利用湯匙淋上事先融化好的巧克力。

······ 裝飾小巧思

將蛋糕切成好入口的大小後盛盤，
以湯匙挖取適量豆腐鮮奶油→ P.62
依偎在蛋糕旁。

香蕉蛋糕

約使用2根香蕉來製作。最後再擠上奶油，可愛的模樣也很適合拿來送人！

材料 直徑15cm的圓形蛋糕模（活底可拆式）1個分

- 香蕉 … 150g（純果肉）＋裝飾用½根

A
- 低筋麵粉（過篩）… 140g
- 低筋全粒粉（過篩）… 40g
- 杏仁粉 … 60g
- 甜菜糖 … 10g
- 泡打粉 … 1½小茶匙
- 肉桂粉 … ½小茶匙
- 鹽 … 一小撮

B
- 成分無調整豆漿 … 70mℓ
- 楓糖漿 … 4大茶匙
- 植物油 … 3大茶匙
- 蘭姆酒 … 1大茶匙

- 核桃 … 20g＋裝飾用3～4顆
- 楓糖漿 … 適量

準備

- 核桃（含裝飾用）送入130～140℃的烤箱烘烤10分鐘後剁成粗粒。
- 模具裡鋪好烘焙紙。
- 烤箱預熱180℃。

作法

1. 盆中放入 A，以矽膠刮刀混合均勻。

2. 用叉子將香蕉150g稍微壓爛，接著加入 B 部分的所有材料混合均勻。

☐ 香蕉的熟度會影響蛋糕甜度，所以可以視情況增減少許甜菜糖（食譜分量外）調整味道。

3. 將 2 加入 1，大略攪拌至還能感覺到些許粉粒的狀態。接著加入備好的20g核桃繼續混合。

4. 將麵糊盛入模具，擺上剝皮後縱切剖半的裝飾用香蕉，並塗上楓糖漿。接著撒上裝飾用的核桃，送入180℃的烤箱烘烤30～35分鐘。以竹籤穿刺時不會沾黏到生麵團即代表完成。

5. 出爐後連同模具移到鐵網上靜置。待冷卻即可脫模盛盤，切成好入口的大小。

裝飾小巧思 （右頁照片後方）

將適量花生豆腐鮮奶油→P.63裝入擠花袋，裝上星型花嘴，擠在蛋糕上。

蔓越莓磅蛋糕

強調濕潤口感，單純不複雜的磅蛋糕。使用的果乾和堅果都可以依喜好自由變化。

材料 8×15×高6cm的磅蛋糕模1個分

- 酒漬蔓越莓→P.27 … 40g
- 綠色開心果 … 5g

A
- 低筋麵粉（過篩）… 80g
- 低筋全粒粉（過篩）… 40g
- 杏仁粉 … 70g
- 甜菜糖 … 40g
- 泡打粉 … 1小茶匙
- 鹽 … 一小撮

B
- 成分無調整豆漿 … 80㎖
- 楓糖漿 … 3大茶匙
- 植物油 … 2大茶匙

準備

- 酒漬蔓越莓擠出多餘水分後，和開心果一起剁成粗粒。
- 模具裡鋪好烘焙紙。
- 烤箱預熱170～180℃。

作法

1. 盆中放入 A，以矽膠刮刀混合均勻。

2. 加入拌勻的 B，以切拌方式拌至還能感覺到些許粉粒的狀態。接著加入備好的酒漬蔓越莓和開心果。

3. 將麵糊倒入模具，送入170～180℃的烤箱烘烤約30分鐘。以竹籤穿刺時不會沾黏到生麵團即代表完成。

4. 出爐後連同模具移到鐵網上稍微靜置，待不燙後脫模放涼。最後切成好入口的大小盛盤。

⋯⋯ 裝飾小巧思

以湯匙挖取適量豆腐鮮奶油→P.62
輕輕放幾球在蔓越莓磅蛋糕上，
添上擠乾水分的酒漬蔓越莓→P.27，
並撒上適量開心果粗粒裝飾。
最後將甜菜糖放入磨缽中搗成糖粉，
用濾網篩上糖粉即完成。

檸檬磅蛋糕

澆上糖霜，立刻進化成法國知名糕點「檸檬週末蛋糕（Weekend Citron）」！

材料 8×15×高6cm的磅蛋糕模1個分

・檸檬皮（切絲）… 1顆分

A
・低筋麵粉（過篩）… 120g
・杏仁粉 … 70g
・甜菜糖 … 40g
・泡打粉 … 1小茶匙

B
・成分無調整豆漿 … 70mℓ
・楓糖漿 … 3大茶匙
・植物油 … 2大茶匙
・檸檬汁 … 2大茶匙

準備

・模具裡鋪好烘焙紙。
・烤箱預熱170～180℃。

作法

1. 盆中放入 A，加入檸檬皮，以矽膠刮刀混合均勻。

2. 加入攪拌均勻的 B，整體大致拌勻。

3. 將麵糊倒入模具，送入170～180℃的烤箱烘烤25～30分鐘。以竹籤穿刺時不會沾黏到生麵團即代表完成。

4. 出爐後連同模具移到鐵網上稍微靜置，待不燙後脫模放涼。最後切成好入口的大小盛盤。

| 裝飾小巧思 | （右頁照片下方）

製作3倍份量的檸檬糖霜→ P43※，以小矽膠刮刀將糖霜抹上磅蛋糕，最後削上適量檸檬皮屑裝飾。

椰子蛋糕

中間抹上豆腐鮮奶油和果醬夾心，就可以做成大受歡迎的維多利亞蛋糕！

材料 直徑15cm的圓形蛋糕模（活底可拆式）1個分

A
- 低筋麵粉（過篩）… 150g
- 杏仁粉 … 40g
- 椰子絲 … 30g
- 甜菜糖 … 20g
- 泡打粉 … 1½小茶匙
- 鹽 … 一小撮

B
- 成分無調整豆漿 … 150ml
- 楓糖漿 … 2大茶匙
- 椰子油（或植物油）… 2大茶匙
- 椰子絲（裝飾用）… 適量

準備

- 模具裡鋪好烘焙紙。
- 烤箱預熱180℃。

作法

1. 盆中放入 A，以矽膠刮刀混合均勻。

2. 加入攪拌均勻的 B，整體大致拌勻。

3. 將麵糊盛入模具，撒上裝飾用的椰子絲。送入180℃的烤箱烘烤20～25分鐘。以竹籤穿刺時不會沾黏到生麵團即代表完成。

4. 出爐後連同模具移到鐵網上靜置。待冷卻即可脫模盛盤。

裝飾小巧思

蛋糕橫切剖半，下半部的蛋糕抹上適量的豆腐鮮奶油→ P.62 和蜜糖覆盆莓→ P.27（先倒入鍋中稍微加熱並搗碎成醬汁狀）。蓋回上半部的蛋糕，切成好入口的大小。最後將甜菜糖放入磨缽中搗成糖粉，再篩上蛋糕即完成。

※也可以用鮮奶油和水果裝飾蛋糕表面。

可可鮮奶油三明治

→ P.93

雙層夾心蛋糕
↪ P.93

大片海綿蛋糕作法

如床墊般的大片海綿蛋糕，可以用來製作千變萬化的糕點。

材料 23×17cm的耐熱方盤1盤分

A
- 低筋麵粉（過篩）… 80g
- 低筋全粒粉（過篩）… 20g
- 杏仁粉 … 20g
- 甜菜糖 … 10g
- 泡打粉 … 1小茶匙
- 鹽 … 一小撮

B
- 成分無調整豆漿 … 100mℓ
- 植物油 … 2大茶匙
- 楓糖漿 … 2大茶匙
- 蘋果汁 … 2大茶匙

準備

- 方盤裡鋪好烘焙紙。
- 烤箱預熱180℃。

作法

1. 盆中放入A，以矽膠刮刀混合均勻（a）。

2. 加入拌勻的B（b），以切拌方式大略攪拌。若有結塊則以刮刀壓散（c）。

3. 將麵糊倒入模具（d）並抹平表面（e）。將方盤稍微抬起，輕摔在桌上一次，排除多餘的空氣（f）。

4. 送入180℃的烤箱烘烤15分鐘。以竹籤穿刺時不會沾黏到生麵團即代表完成。

尸 烘烤時盡量放在烤箱的上層。若有多的方盤亦可堆疊2層，緩和下火的火力，如此一來便能烤出濕潤的口感。

5. 出爐後整個模具移到鐵網上（g），待冷卻即可連同烘焙紙取出，裝袋冰起來（h）。

可可鮮奶油三明治

海綿蛋糕搭配豆腐鮮奶油夾心！可以自行製作喜歡的口味。

材料 大片海綿蛋糕1片分

- 大片海綿蛋糕→P.92 … 1片
- 可可豆腐鮮奶油→P.63 … 3倍量
- 甜菜糖 … 適量

準備

- 從袋中取出大片海綿蛋糕，並將烘焙紙撕開。撕開後將蛋糕連同烘焙紙一起放到保鮮膜上。
- 將甜菜糖放入磨缽中搗成糖粉。

作法

1. 大片海綿蛋糕橫向面對自己，並以手指輕輕壓凹長邊的內側（a）。

2. 塗上可可豆腐鮮奶油，邊緣留下1cm左右的寬度（b）。接著蛋糕轉成縱向，抓著烘焙紙夾起蛋糕（c）。蛋糕兩邊合起來後用長尾夾夾住烘焙紙的部分（d），並放入冰箱冷藏約30分鐘。冷藏過後即可拔掉長尾夾。

3. 用保鮮膜將2包起來塑形，再放入冰箱冷藏約30分鐘讓海綿蛋糕入味。最後切成好入口的大小，篩上糖粉。

雙層夾心蛋糕

超適合當作生日蛋糕。也可以將大片海綿蛋糕切兩半，
做成單層夾心蛋糕。

材料 大片海綿蛋糕1片分

- 大片海綿蛋糕→P.92 … 1片
- 原味豆腐鮮奶油→P.62 … 2倍量
- 喜歡的莓果（本譜使用草莓、覆盆莓、藍莓、紅醋栗）… 適量
- 甜菜糖 … 適量

準備

- 從袋中取出大片海綿蛋糕，並撕下烘焙紙。切除蛋糕邊，橫切成3等份。
- 將甜菜糖放入磨缽中搗成糖粉。

作法

1. 取1片切好的海綿蛋糕放到盤子上，塗抹適量豆腐鮮奶油（a），並放上適量莓果。接著再塗抹適量豆腐鮮奶油（b），然後蓋上1片海綿蛋糕（c）。

2. 重複1的動作，最上層的莓果盡量擺得漂亮一些。最後篩上糖粉。

杏仁小蛋糕

杏仁粉用量毫不客氣！杏仁風味濃厚的糕點。

材料 6.5×12×高2cm的樹葉形模具7個分

A ・低筋麵粉（過篩）… 50g
・杏仁粉 … 200g
・甜菜糖 … 50g
・香草莢 … 2cm
・泡打粉 … ½小茶匙
・鹽 … 一小撮
B ・成分無調整豆漿 … 120ml
・植物油 … 3大茶匙
・楓糖漿 … 2大茶匙
・檸檬汁 … 1大茶匙

準備

・烤箱預熱170℃。

作法

1. 盆中放入a，以矽膠刮刀混合均勻。

2. 加入拌勻的b後大致混合所有材料，倒入模具。

3. 將2放上烤盤，送入170℃的烤箱烘烤20分鐘，接著調降到160℃再烤10分鐘。以竹籤穿刺時不會沾黏到生麵團即代表完成。

4. 出爐後連同模具移到鐵網上，待冷卻即可脫模盛盤。

| 裝飾小巧思 | （右頁照片上方）

以湯匙挖取適量豆腐鮮奶油→P62和蜜糖酸櫻桃→P27，添在杏仁小蛋糕旁。

抹茶杏桃蛋糕

抹茶清新的茶香和杏桃的酸味完美交融。

材料 8×15×高6cm的磅蛋糕模1個分

・酒漬杏桃→P.27 … 50g

A
・低筋麵粉（過篩）… 100g
・低筋全粒粉（過篩）… 20g
・杏仁粉 … 60g
・甜菜糖 … 40g
・抹茶 … 1½大茶匙
・泡打粉 … 1小茶匙

B
・成分無調整豆漿 … 100mℓ
・植物油 … 3大茶匙
・楓糖漿 … 2大茶匙

・杏仁片 … 適量

準備

・擠出酒漬杏桃多餘的水分。
・模具裡鋪好烘焙紙。
・烤箱預熱180℃。

作法

1. 盆中放入 A，以矽膠刮刀混合均勻。

2. 加入拌勻的 B 後大略攪拌至還能感覺到些許粉粒的狀態，接著加入酒漬杏桃混合。

3. 將麵糊倒入模具，放上杏仁片。送入180℃的烤箱烘烤20～25分鐘。以竹籤穿刺時不會沾黏到生麵團即代表完成。

4. 出爐後連同模具移到鐵網上，待冷卻即可脫模盛盤。

裝飾小巧思 （右頁照片下方）

抹上適量的抹茶豆腐鮮奶油→P.63，
再擺上適量的杏仁片。

李子方形蛋糕

李子帶皮一起烤，善用本身的漂亮顏色來點綴。也可以用其他當季水果代替。

材料 18×18×高6cm的方形蛋糕模1個分

- 李子 … 3顆

A
- 低筋麵粉（過篩）… 150g
- 杏仁粉 … 100g
- 甜菜糖 … 50g
- 泡打粉 … 2小茶匙

B
- 成分無調整豆漿 … 150mℓ
- 植物油 … 5大茶匙

奶酥
- 低筋麵粉 … 40g
- 杏仁粉 … 20g
- 甜菜糖 … 20g
- 植物油 … 2大茶匙
- 甜菜糖 … 適量

準備

- 模具裡鋪好烘焙紙。
- 烤箱預熱180℃。
- 將甜菜糖放入磨缽中搗成糖粉。

作法

1. 參照簡易奶酥作法→P.26的步驟 1～5 製作奶酥。

2. 李子帶皮縱切成兩半，挑掉籽後切成1cm的月牙形。

3. 盆中放入 A，以矽膠刮刀混合均勻。

4. 加入攪拌均勻的 B 後，大致混合。

5. 將麵糊倒入模具，均勻鋪上 2 的李子和 1 的奶酥。

6. 送入180℃的烤箱烘烤約30分鐘。以竹籤穿刺時不會沾黏到生麵團即代表完成。

7. 出爐後連同模具移到鐵網上稍微靜置，待不燙後脫模並放涼。最後再篩上糖粉，切成好入口的大小。

推薦材料
總整理

除了本書所介紹的基本材料（P.6）外，也很推薦大家使用以下這些植物性原料。

有＊標記的材料可向下述商店訂購。

＊ 銷售通路：TOMIZ（富澤商店）
販賣眾多甜點、麵包材料、天然食品以及器具的烘焙材料行。
https://tomiz.com/

□ 粉類

書中食譜大多使用全粒粉和低筋麵粉，不過有時也會使用高筋麵粉和米麵粉。太白粉和玉米粉富含澱粉，葛粉（本葛）則可以用來增加濃稠度。

國產高筋麵粉
春戀＊

烘焙用米麵粉＊

太白粉

玉米粉

葛粉

□ 甜味

想要增加豐厚度，可以添加紅糖、甘蔗糖、玄米甜酒。而使用墨西哥盛產植物「龍舌蘭」提煉而成的龍舌蘭糖漿具有很天然的特殊甜味。至於糖粉則可以使用細砂糖（100%甜菜糖）磨碎後製成。

紅糖

甘蔗糖

有機龍舌蘭糖漿
GOLD＊

鈴蘭印
細砂糖＊

玄米甜酒

□ 增添香味、風味

香草莢可以增添香甜的氣味，而使用抹茶粉和即溶咖啡粉則能做出不同口味的甜點。蘭姆酒等酒類可依個人喜好適量添加。而芝麻濃厚的風味最適合拿來發揮在素食甜點上。

香草莢
（馬達加斯加產）＊

抹茶粉

即溶咖啡

蘭姆酒

芝麻醬

□ 可可

可可塊和巧克力豆可以直接加進糕點的生麵團中。板巧克力和可可粉請選擇不含白砂糖與乳製品的100%植物性產品。如果沒有巧克力豆，也可以將板巧克力剁成碎塊來取代。

可可塊

巧克力豆

板巧克力

可可粉

□ 堅果

可以替素食甜點增添風味與濃厚度、口感。開心果、杏仁、胡桃、核桃、夏威夷豆、腰果，任何喜歡的堅果都可以用。角豆為一豆科植物，由於味道上類似巧克力和可可卻不含咖啡因，因此越來越多人使用角豆來取代巧克力。

無皮生開心果（綠）*

生杏仁片*

角豆粒

帶皮榛果*

杏仁

烘烤熟胡桃（長山核桃）*

有機核桃*

生夏威夷豆（中粒）*

生腰果*

花生醬

□ 香料

小荳蔻、肉桂、薑、肉豆蔻、丁香等香料也很適合拿來製作甜點，可以增加風味和香氣。製作甜點時用香料粉比較方便，盡可能選擇有機的商品。

小荳蔻粉

肉桂粉

薑粉*

肉豆蔻粉*

丁香粉

□ 果乾

葡萄乾、杏桃乾、蔓越莓乾等果乾可以讓甜點嘗起來更有層次。使用浸泡過酒的果乾，則能馬上升級成大人的風味。盡量選擇未經漂白處理、天然無油的商品。

葡萄乾

杏桃乾

蔓越莓乾

□ 穀類、椰子

有機栽培的100%燕麥富含膳食纖維與鐵質，營養價值極高。椰子脆片和椰子絲則適合用來裝飾。有些食譜會使用充滿奶香的椰奶，有些食譜則會使用沒有香氣的椰子油。

燕麥

椰子脆片

椰子絲（椰蓉）

AYAM椰奶*

椰子油

RECOMMENDED INGREDIENTS

PROFILE

今井洋子（Yoko Imai）

自甜點學校畢業後，進入The SAZABY LEAGUE工作，負責企劃、開發下午茶、茶室相關商品，2003年自立門戶。現在除了自行承接商品開發案、菜單開發案，也提供糕點訂做服務，更創立料理甜點教室「roof」，提倡長壽飲食（Macrobiotic Diet）。其著作包含《極天然甜點》（NHK出版）、《為生活帶來幸福的Q軟米麵粉甜點》（家之光協會）、《鬆軟軟馬芬＆轉圈圈司康》（主婦之友社）、《零蛋奶養生磅蛋糕》（河出書房新社）、《極品夢幻無糖聖代》（主婦之友社）等。

TITLE

無蛋奶砂糖！零負擔純素甜點

STAFF

出版	三悅文化圖書事業有限公司
作者	今井洋子
譯者	沈俊傑
總編輯	郭湘齡
責任編輯	蕭妤秦
文字編輯	張聿雯
美術編輯	許菩真
排版	執筆者設計工作室
製版	明宏彩色照相製版有限公司
印刷	龍岡數位文化股份有限公司
法律顧問	立勤國際法律事務所　黃沛聲律師
戶名	瑞昇文化事業股份有限公司
劃撥帳號	19598343
地址	新北市中和區景平路464巷2弄1-4號
電話	(02)2945-3191
傳真	(02)2945-3190
網址	www.rising-books.com.tw
Mail	deepblue@rising-books.com.tw
本版日期	2021年8月
定價	350元

ORIGINAL JAPANESE EDITION STAFF

撮影	邑口京一郎
デザイン	千葉佳子（kasi）
スタイリング	駒井京子
構成・取材・文	長嶺李砂
校正・DTP	かんがり舎
PD	栗原哲朗（図書印刷）
アシスタント	井上律子

國家圖書館出版品預行編目資料

無蛋奶砂糖!零負擔純素甜點：Vegan
sweets/今井洋子作；沈俊傑譯. -- 初版.
-- 新北市：三悅文化圖書事業有限公司,
2021.02
104面；18.2 X 25.7公分
ISBN 978-986-99392-4-9(平裝)

1.點心食譜 2.素食食譜

427.16   110000417